彩图版

讲故事 话安全

JIANG GUSHI HUA ANQUAN

应急避险在身边

（自然灾害）

U0381764

钱家庆　编著

中国电力出版社
CHINA ELECTRIC POWER PRESS

内 容 提 要

本书以普及应急避险科学知识为目的，采用漫画的形式，将生产、生活中各类自然灾害中的应急避险知识介绍给广大公众。

本书重点介绍在遭遇沙尘暴、台风、龙卷风、雷电、暴雨、暴雪、雾霾、洪水、滑坡和泥石流、地震、海啸时的应急避险措施和逃生方法，以讲述突发事件小故事的形式普及应急避险和逃生科学知识。

本书可以作为进社区、进企业、进学校、进农村、进家庭或上街宣传应急知识的宣传材料，也可以作为气象、公共安全相关职能部门开展安全宣传的科普教材。

图书在版编目（CIP）数据

讲故事 话安全 应急避险在身边.自然灾害/钱家庆编著 . —北京：中国电力出版社，2016.5 （2018.6重印）

ISBN 978-7-5123-9162-8

Ⅰ .①讲… Ⅱ .①钱… Ⅲ .①自然灾害 – 普及读物 Ⅳ .① X956-49 ② X43-49

中国版本图书馆 CIP 数据核字（2016）第 071410 号

中国电力出版社出版、发行　　北京瑞禾彩色印刷有限公司印刷　　各地新华书店经售
（北京市东城区北京站西街 19 号　　100005　http://www.cepp.sgcc.com.cn）
2016 年 5 月第一版　　2018 年 6 月北京第二次印刷　　　　印数 3001—5000 册
889 毫米 ×1194 毫米　　横 48 开　　1.25 印张　　38 千字　　　　定价 **9.00** 元

现代社会人们所处的生存环境纷繁复杂，自然灾害、交通安全和社会安全等类型的突发事件不仅存在于新闻中，也随时有可能发生在身边。面对突发事件，人们的生命和财产安全将处于受到威胁的境地，往往使人们不知所措，即使能够产生一些应激反应也只是个别现象。

本书通过几个典型的小故事能使读者提前掌握应急避险和逃生的科学知识，藉此普遍提升人们应对突发事件的安全意识，并且，一旦发生突发事件能够增加生存的机会和希望。

目录 CONTENTS

前言

发生沙尘暴时不要躲在大树、广告牌、电力线路等附近，以防被砸伤或触电。

一、沙尘暴

　　沙尘暴天气尽量减少外出，出门戴风镜、口罩、纱巾等防护用品。

　　沙尘暴天气能见度低，尽量不要骑自行车出行。老人和孩子出行必须有青壮年陪同。

一、沙尘暴

　　沙尘暴天气多喝水，增加新陈代谢，保持眼部、口鼻部湿润能增加阻挡沙尘进入人体内部。

　　收到台风预警船要及时回港、固锚，小型船上岸，船上人员必须上岸避风。

二、台风

晚间新闻

台风"博美"逼近，中央气象台发布台风橙色预警

　　收听、收看台风预报，密切关注台风预警颜色，在台风来临前，转移到安全的避风场所。

　　检查加固门窗，及时搬移屋顶、阳台、窗口等处没有固定的物品，以免在台风到来时砸伤行人。

二、台风

　　台风来临前，在避风场所准备好手电、收音机，并做好应急食品、常用药品和饮用水的储备。

及时清理排水管道，保持排水畅通。将存放在低洼地区的电器、粮食等物品搬至高处。

二、台风

台风来袭时避免外出，如果来不及赶回，就近寻找安全地带躲避。

　　在野外遇上龙卷风，应在与龙卷风路径相反或垂直方向的低洼地区躲避，平躺并遮住头部。

三、龙卷风

当龙卷风向房屋袭来时，关闭锁死来袭方向的所有门窗，打开相反方向的所有门窗，躲避到地下室或混凝土的地下庇护所。

　　当乘汽车遭遇龙卷风时，立即把汽车开到地势低洼处停车并下车躲避，防止汽车被卷走。

三、龙卷风

　　龙卷风过去之后，仍要收听气象预报，龙卷风通常是接踵而来的。

四、雷电

雷电天气提前关闭门窗，防止侧击雷或球形雷侵入。

四、雷电

切断室外天线开关，不使用有外接天线的收音机、电视机，不使用太阳能热水器。

远离避雷针、避雷线及其接地引下线至少 8 米以外。

四、雷电

雷电发生时，身处空旷地带要关闭手机。

地势低洼居民区、厂区提前在大门口设置挡水坝，配合潜水泵等防止内涝。

五、暴雨

在积水中行走尽可能绕过积水严重路段，要特别注意观察，防止落入阴井、排水井及坑、洞中。

五、暴雨

尽量避免在暴雨中驾驶车辆，暴雨中驾驶车辆要开灯、低速、绕开涉水涵洞。

五、暴雨

　　如果驾驶车辆被水淹，先解开安全带，打开车窗（包括天窗和后挡风玻璃），所有窗子都打不开就卸下车座头枕，把头枕的一根金属棍插入车门玻璃的缝隙，用力扳头枕，把车门上的玻璃撬碎，打开车门，离开车辆。

六、暴雪

　　接收到暴雪来临的预警信息，关注机场、高速公路、码头的封闭信息，及时调整出行计划。将车辆停放到远离主干道的安全地带。

六、暴雪

　　农牧区接收到暴雪来临的预警信息，将牲畜集中圈养，准备充足的粮草。

居住在房顶不够结实的建筑物内要及时加固或转移。

六、暴雪

　　做好防寒保暖准备，储备足够数量的燃料、食物和饮用水。
暴雪来临时减少外出活动。

七、雾霾

雾霾天气不要开窗通风，应选择在正午阳光最充足，也是雾霾较弱时短时间通风。

七、雾霾

　　雾霾天气尽量减少步行外出（尤其患有心脑血管或呼吸系统疾病人员及老人、儿童），必须外出要戴口罩和帽子。每天回来后洗头、洗澡。

雾霾天气不进行剧烈运动，户外运动改为室内运动。

七、雾霾

　　雾霾天气驾驶车辆出行必须要开雾灯、降低车速、保持安全距离、驾驶员休息时间间隔缩短，不疲劳驾驶。

八、洪水

洪水来临前，迅速到附近的山坡、高地、高层楼房等高处躲避。

八、洪水

发生洪水时逃生不要沿着行洪方向跑，而要向两侧快速躲避，不可攀爬电力线路杆塔，防止触电。

八、洪水

被困在"孤岛"地带，要设法联系外界，报告位置信息，争取救援。

八、洪水

收集大块的水上漂浮材料捆扎成救生筏逃生。如果落水尽可能抓住漂浮物自救。

九、滑坡和泥石流

　　发现滑坡、泥石流，要迅速向两边稳定区逃离，不要沿着山体向上方或下方奔跑。

九、滑坡和泥石流

驾驶车辆经过滑坡、泥石流地区，把车辆停在不受波及的高处地质稳定地带，探明前方无沟壑或塌方危险再前行。

救援被滑坡、泥石流掩埋人员应先将滑坡体后缘的水排干，并从滑坡体侧面开始挖掘。

九、滑坡和泥石流

　　不要在滑坡、泥石流危险期未过的情况下，返回受滑坡、泥石流影响地区居住。

十、地震

　　接收到地震预警信息，关闭电源、燃气总阀，躲到附近公园、开阔地等应急避险场所。

十、地震

在户外遇到地震要远离山崖、山坡、河岸及电力杆塔等，以免被砸伤或触电，还要随时观察前方路段是否形成新的沟壑等危险。

十、地震

　　在街道上遇到地震要用手提包等护住头部，以免被高楼的玻璃幕墙、大型广告牌的脱落物击中头部。

十、地震

在室内遇到地震，选择既有能够由承重墙为主体形成能形成小的支撑空间，又能就近找到食物和饮水用的厨房、厕所等躲避。

十、地震

　　逃跑时间选择在余震的间隙时间段，不可乘坐电梯，更不能跳楼。

十、地震

不可连续大声呼救，待听到有人后再用敲击法或吹哨子呼救。

　　如果被掩埋在建筑物中，尽量活动手脚确认伤情，清除口鼻中和压在身上的杂物，要保存体力，冷静等待救援。

十、地震

地震救援的原则是先救近后救远，先判断埋压情况，保留支撑物清除阻挡物；不生拉硬拽，做好防护措施，防止二次伤害。

十一、海啸

　　发现海平面潮汐显著下降或有巨浪来袭，都应该快速撤离海岸，向陆地高处转移。

十一、海啸

　　海水温度偏低，在水中不要乱挣扎，尽量不要游泳，能浮在水面随波逐流即可，以防体内热量损失过快。

　　要尽可能向其他落水者靠拢，以扩大待救援目标，便于救援人员发现。

十一、海啸

海水不能喝，坚持到下雨，雨水是可以喝的

　　再渴也不要喝海水，否则，会因为摄入盐分和矿物质等超标，影响人体正常功能，不但越喝越渴，严重的还会引起中毒，甚至肾衰竭。